Bibliographic information published by the German National Library:

The German National Library lists this publication in the National Bibliography; detailed bibliographic data are available on the Internet at http://dnb.dnb.de .

Imprint:

Print and binding: Books on Demand GmbH, Norderstedt Germany
ISBN: 9783668214453

This book at GRIN:

http://www.grin.com/hr/e-book/177996/electricity-in-the-eu-the-guarantee-of-origin-according-to-directive-2001-77-ec

Bernard Baranašić

Electricity in the EU. The Guarantee of Origin According to Directive 2001/77/EC

GRIN Publishing

SVEUČILIŠTE U ZAGREBU

FAKULTET ELEKTROTEHNIKE I RAČUNARSTVA

ZAVRŠNI RAD br. 1090

SUSTAV JAMSTVA PODRIJETLA ELEKTRIČNE ENERGIJE U EU

Bernard Baranašić

Zagreb, rujan 2011.

Sadržaj

Popis oznaka i kratica

AIB - The Association of Issuing Bodies

OIE - Obnovljivi izvori energije

OIE-E - Električna energija proizvedena iz OIE

GO - Guarantees of Origin

JP - Jamstvo podrijetla

CHP - combined heat and power (visoko-efikasna kogeneracija)

EECS - European Energy Certificate System

OPS - Operator prijenosnog sustava

ODS – Operator distribucijskog sustava

EU-27 - Austria, Belgija, Bugarska, Cipar, Češka, Danska, Estonija, Finska, Francuska, Njemačka, Grčka, Mađarska, Irska, Italija, Latvjia, Litva, Luksemburg, Malta, Nizozemska, Poljska, Portugal, Rumunjska, Slovačka, Slovenija, Španjolska, Švedska i Ujedinjeno kraljevstvo

EU-12 - Češka, Estonija, Cipar, Latvija, Litva, Mađarska, Malta, Poljska, Slovenija, Slovačka, Bugarska, Rumunjska

EEA - Energy Efficiency Agency

AGEA - Austrian Green Energy Act

RECS - Renewable Energy Certificates

GME - Gestore dei Mercati Energetici S.p.A

VAT - Value added tax

RELEEL - Renewable Energy Legislation and Energy Efficiency Labelling

HROTE – Hrvatski regulator tržišta energije

HERA – Hrvatska energetska regulatorna agencija

GEF - Globalnog fonda zaštite okoliša

IBRD - Međunarodne banke za obnovu i razvitak

MINGORP - Ministarstvo gospodarstva, rada i poduzetništva

HBOR - Hrvatska banka za obnovu i razvitak

Popis tablica

Popis slika

1. Uvod

1.1. Potreba za obnovljivim izvorima energije

Obnovljivom energijom smatraju se tradicionalno biomasa (svi oblici drvnog otpada, otpad životinjskog podrijetla i razne vrste žitarica) i moderne tehnologije temeljene na solarnoj energiji, energiji vjetra, geotermalnoj energiji, hidroelektranama i energiji mora. Korištenje obnovljivih izvora energije (OIE) nije novost, budući da su se do pojave parnog stroja i iskorištavanja nafte, koristili voda i vjetar kao jedini izvori mehaničke energije. Industrijalizacijom s početka dvadesetog stoljeća najbitnije primarno gorivo postalo je ugljen, te osobito nafta u drugoj polovici stoljeća. Klimatske promjene, rizici nuklearne proizvodnje, dodatni troškovi značajnom promjenom cijena fosilnih goriva, potakli su veći interes za oblicima energije, koji će djelomično nadomjestiti fosilna goriva i doprinijeti očuvanju okoliša. U relativno kratkom razdoblju, od osamdesetih godina prošlog stoljeća, potrošači električne i toplinske energije, te potrošači u transportu postaju svjesniji značenja korištenja OIE. Tome su doprinijele mnoge akcije na osvješćivanju potreba sačuvanja okoliša, ali i akcije na donošenju obvezujućih ili poticajnih mjera u uporabi OIE. [1]

Zanimanje za OIE potaklo je znanstvena istraživanja koja su dovela do znatno unaprijeđenih tehnologija pretvorbe. Primjerice silicijska tehnologija i nanotehnologija, te istraživanje novih materijala, rezultirali su sofisticiranim, visoko-učinkovitim fotonaponskim ćelijama po pristupačnijim cijenama. Razvoj tehnologije vjetroturbina i lopatica, mogućnost gradnje vjetroelektrana na pučini te dobre poticajne mjere potakle su, veliki interes i za njihovu primjenu. Korištenje vodika kao goriva budućnosti je sve raširenije, što se objedinjava s korištenjem energije vjetra i Sunca u tzv. hibridnim sustavima. Sve veća primjena omogućava optimiranje proizvodnje i smanjenje specifičnih troškova (eng. *economy of scale*). Treba ipak kazati, da i pored značajnog smanjenja troškova oni nisu toliki da bi postrojenja koja koriste OIE bili konkurentni na tržištu bez dodatnih poticaja društva, čak niti na razini graničnih troškova. [1]

1.2. Svrha osnovnih dokumenata europskog zakonodavstva

Europski Parlament podržao je korištenje OIE donošenjem temeljnih dokumenata Zelene knjige, Bijele knjige i Smjernice za promociju proizvodnje električne energije iz obnovljivih izvora energije, čiji su osnovni ciljevi smanjenje stakleničkih plinova i sigurnost u opskrbi električnom energijom. Prvi temeljni dokument europskog zakonodavstva je Zelena knjiga *Green Paper for a Community Strategy,* kojim je Europska Komisija dala Smjernice za strategiju razvoja energetike i definirala što se sve treba poduzeti kako bi se osigurao učinkovit ekonomski rast i poboljšala konkurentnost na području OIE. Drugi dokument koji je uslijedio je Bijela knjiga (*White Paper for a Community Strategy and Action Plan*). Prema scenariju Bijele knjige najveći udio u porastu učešća OIE trebao bi biti iz biomase (90 Mtoe), odnosno trostruko u odnosu na 1997. godinu. [1]

Temeljem Zelene i Bijele knjige Europska Komisija je 2001. godine izdala Smjernicu *2001/77/EC (Smjernica* za promociju proizvodnje električne energije iz obnovljivih izvora energije*)*, a cilj je dostići udio od 22,1% električne energije proizvedene iz obnovljivih izvora energije (OIE-E) do 2010. godine u ukupnoj potrošnji električne energije EU i određeni su indikativni ciljevi za sve države članice EU. [1]

2006. godine izrađen je novi okvir strategije Europske Komisije za održivu, natjecateljsku i sigurnu energiju, novi *Green Paper* (COM(2006) 105 final). Uslijed rastućeg uvoza energije (povećanje sa sadašnjih 50% na 70% za 20-30 godina) i plina (povećanje na 80% kroz sljedećih 25 godina), neophodno je unutar Europe stvoriti takve uvjete koji će domaću energiju učiniti ekonomski usporedivom s energijom koja se trenutno uvozi. S obzirom na cilj Europske Komisije za potpunom liberalizacijom unutrašnjeg europskog tržišta energije s nižom cijenom električne energije i tako uštedom za društvo u cijelosti, naglasak je stavljen na učinkovito zakonodavstvo i izgradnju elektroenergetske mreže. Ovaj *Green Paper* iz 2006. godine dao je sugestije i opcije za novu obuhvatnu europsku energetsku politiku. [1]

Stav Europske Komisije jeste da se samo uz zajedničke mjere energetske učinkovitosti, upravljanja potrošnjom i korištenjem OIE može dostići napredak u postizanju ciljeva europske politike za energetski neovisnu Europu. [1]

23. travnja 2009. u Europskom parlamentu prihvaćena je Smjernica *2009/28/EC* i stupila je na snagu 25. lipnja 2009. Ova Smjernica pruža skupni okvir za promociju energije iz obnovljivih izvora. Izneseni su obvezni nacionalni ciljevi za ukupni udio energije iz obnovljivih izvora u konačnoj bruto uporabi energije i udio energije iz obnovljivih izvora u prometu. Sadrži pravila vezana za statističke prijenose između država članica i trećih država, jamstva podrijetla, administrativnih postupaka, te dostupnosti elektroenergetske mreže za obnovljive izvore energije. [2]

2. Sustav jamstva podrijetla

2.1. Sustav Jamstva podrijetla prema Smjernici *2001/77/EC*

Pojam Guarantees of Origin (GO) ili jamstvo podrijetla (JP) prvi puta je definiran u Smjernici *2001/77/EC*. U članku 5 (Jamstvo o podrijetlu električne energije proizvedene iz obnovljivih izvora energije) te Smjernice definirano je:

1. Države članice osiguravaju da se, najkasnije do 27. listopada 2003., podrijetlo električne energije proizvedene iz obnovljivih izvora energije može zajamčiti u smislu ove Smjernice, u skladu s objektivnim, transparentnim, nediskriminirajućim kriterijima koje utvrđuje svaka država članica. Države članice osiguravaju da se jamstvo podrijetla može izdati na zahtjev.

2. Države članice mogu imenovati jedno ili više nadležnih tijela, neovisnih od djelatnosti proizvodnje i distribucije za nadzor takvih jamstava podrijetla.

3. Jamstvo podrijetla:

- *navodi izvor energije iz kojega je električna energija proizvedena, navodeći datume i mjesta proizvodnje, a u slučaju da je riječ o hidroelektranama navodi se kapacitet;*
- *služi kako bi proizvođačima električne energije iz obnovljivih izvora energije omogućilo dokazivanje činjenice da je električna energija koju prodaju proizvedena iz obnovljivih izvora energije u smislu ove Smjernice.*

4. Takva jamstva podrijetla, izdana u skladu sa stavkom 2., države članice trebaju međusobno priznavati, isključivo kao dokaz elemenata navedenih u stavku.

3. Svako odbijanje priznavanja jamstva podrijetla kao dokaza, posebno ako postoje razlozi koji se posebno odnose na sprječavanje prevare, mora se temeljiti na objektivnim, transparentnim i nediskriminirajućim kriterijima. U slučaju odbijanja priznavanja jamstva podrijetla, Komisija može stranu koja je jamstvo odbila prisiliti na priznavanje, posebno s obzirom na objektivne, transparentne i nediskriminirajuće kriterije na kojima je takvo priznavanje utemeljeno.

5. Države članice ili nadležna tijela uspostavljaju odgovarajuće prikladne mehanizme kojima osiguravaju točnost i pouzdanost jamstava podrijetla, a u izvješću navedenom u članku 3., stavku 2. prikazuju mjere kojima se osigurava pouzdanost jamstvenoga sustava.

6. Nakon savjetovanja s državama članicama, Komisija u izvješću navedenom u članku 8., razmatra pravila i metode koje države članice provode kako bi se zajamčilo podrijetlo električne energije proizvedene iz obnovljivih izvora energije. Po potrebi, Komisija o tome predlaže Europskome parlamentu i Vijeću prihvaćanje zajedničkih pravila. [3]

Jamstvo podrijetla je kontrolni mehanizam kojim se energija kojom se trguje certificira kao energija iz obnovljivih izvora energije ili visoko efikasne kogeneracije (CHP). Takav sustav je neophodan za implementaciju tržišta energije koje promiče značajan udio energije iz obnovljivih izvora energije ili visoko efikasne kogeneracije, npr. pomoću zelenih certifikata ili zajamčenih tarifa. U praksi to je ovjeravanje između operatora mreže i proizvodnje nad iznosima, periodu, mjestu, izvoru i tipu OIE i CHP proizvodnje energije. [5]

Jamstvom podrijetla, koje je rezultat mjerenja i kontrolne procedure izvedene od strane nadzornog tijela tržišta energije, višestruke prodaje su izbjegnute i dodatno kontrolirane.

Jamstvo podrijetla također dopušta podjelu tržišta električne energije na:

- trgovinu certifikatima
- trgovinu energije (električne, plina, energetskih usluga) slobodnu od podrijetla

Obveza država članica za implementiranje jamstva podrijetla je dana u smjernicama:

- *Directive 2001/77/EC* za promociju električne energije proizvedene iz obnovljivih izvora energije u internom tržištu (članak 5)
- *Directive 2004/8/EC* za promociju kogeneracijske proizvodnje električne energije uz toplinske zahtjeve u internom tržištu (članak 5)

Prema odredbama ovih smjernica, jamstvo podrijetla se izdaje kao odgovor na zahtjev proizvođača. Nadalje, države članice su obvezne imenovati jedno ili više mjerodavnih tijela, neovisnih od proizvodnih i distribucijskih aktivnosti, za nadgledanje izdavanja jamstva podrijetla. [5]

Da bi se izbjeglo umnožavanje jamstva podrijetla, bilo je potrebno uspostaviti sustav koji uključuje:

- izdavanje jamstva podrijetla
- prijenos jamstva podrijetla (u slučaju trgovanja)
- otkup jamstva podrijetla (kada je energija otkupljena od konačnog potrošača)

Takav sustav onemogućava višestruku prodaju iste "zelene" električne energije i ne dozvoljava duplu naplatu povezanu s međudržavnom trgovinom "zelene" električne energije, npr. ne dozvoljava da obje države, proizvođač i kupac, uračunaju istu energiju za postizanje svoga nacionalnog cilja obnovljivih izvora energije. Isplata jamstva podrijetla je transparentni način za provjeru potrošene električne energije. [5]

Sljedeća važna svrha jamstva podrijetla je objavljivanje podataka (disclosure) o smjesi primarnog goriva, koje je definirano u Smjernici 2003/54/EC (članak 3) kao obveza država članica. To jest, dobavljači električne energije su obvezni u svojim računima informirati kupce o udjelu svakog pojedinog izvora energije u ukupnoj smjesi korištenog primarnog goriva prethodne godine. Uzevši u obzir da jamstvo podrijetla sadrži dovoljno podataka, mora biti korišteno također i za ovu svrhu. [5]

2.2. Sustav Jamstva podrijetla prema Smjernici *2009/28/EC*

Dosadašnja definicija JP-a nije dovoljno detaljno određivala JP, te je oslobođen prostor za prijevare i nepouzdana jamstva podrijetla. Postalo je jasno da je potrebna standardizacija sustava jamstva podrijetla u EU, koja će ubrzati transparentnost i spriječiti zloupotrebu.

Standardizacija jamstva podrijetla je počela preko European Energy Certificate System (EECS) pod okriljem AIB-a (Association of Issuing Bodies).

Europska Unija je poduzela daljnje korake u promociji korištenja obnovljivih izvora energije i standardizaciji sustava jamstva podrijetla. 23. travnja 2009. u Europskom parlamentu je prihvaćena Smjernica *2009/28/EC* , koja stupila je na snagu 25. lipnja 2009.

Ova smjernica pruža skupni okvir za promociju energije iz obnovljivih izvora. Izneseni su obvezni nacionalni ciljevi za ukupni udio energije iz obnovljivih izvora u konačnoj bruto uporabi energije i udio energije iz obnovljivih izvora u prometu. Sadrži pravila vezana za statističke prijenose između država članica i trećih država, jamstva podrijetla, administrativnih postupaka, te dostupnosti elektroenergetske mreže za obnovljive izvore energije. [2]

U Smjernici *2009/28/EC*, tri glavne teme koje se odnose na jamstvo podrijetla su:

- Standardizacija dizajna jamstva podrijetla
- Smjernice za korištenje jamstva podrijetla
- Uvođenje jamstva podrijetla za velika postrojenja hlađenja i grijanja

Novom Smjernicom poboljšane su smjernice *2001/77/EC* i *2003/30/EC* koje su također i opozvane. Time je jamstvo podrijetla detaljnije definirano i standardizirano.

Jamstvo podrijetla izdano za svrhu ove smjernice ima jedino funkciju dokazivanja udjela energije proizvedene iz obnovljivih izvora krajnjem kupcu. Jamstvo podrijetla može biti preneseno, neovisno o energiji na koju se odnosi, od jednog vlasnika do drugog. Međutim, s uvidom da je jedinica energije iz obnovljivog izvora prikazana kupcu samo jednom, duplo računanje i duplo prikazivanje jamstva podrijetla mora se izbjeći. Energija iz obnovljivih izvora koja je odvojeno prodana od pripadajućeg jamstva podrijetla ne smije biti prikazana ili prodana kao energija iz obnovljivih izvora krajnjim kupcima. Važno je razlučiti između zelenih certifikata korištenih za mehanizme potpore i jamstva podrijetla. [2]

Glavne razlike između Smjernice *2001/77/EC* i nove Smjernice *2009/28/EC* dane su u tablici 1.

Tablica 1 Razlike između Smjernica 2009/28/EC i 2001/77/EC u vezi JP [4]

Smjernica 2009/28/EC	Smjernica 2001/77/EC
JP je elektronički dokument	Nije određeno
JP je standardne veličine: 1MWh	Nije određeno
Jedno tijelo je odgovorno za sustav JP	Jedno ili više tijela odgovornih za sustav JP
Jedan državni registar za JP	Jedan ili više državnih registara za JP
Uvođenje otkupa JP	Otkup nije definiran
Naznačena investicijska pomoć	Nije određeno
JP za električnu energiju iz OIE i grijanje/hlađenje iz OIE	JP samo za električnu energiju iz OIE
Obvezna prijava za odustajanje od JP u slučaju već primljene financijske potpore	Korištenje JP nije određeno
JP je obvezno za prekogranične prijenose energije iz OIE za ispunjavanje ciljeva država	Korištenje JP nije određeno

Smjernica *2009/28/EC* definira jamstvo podrijetla kao: elektronički dokument koji ima jedino funkciju dokazivanja udjela energije proizvedene iz obnovljivih izvora krajnjem kupcu prema zahtjevima članka 3(6) Smjernice *2003/54/EC.*

Rok za prijenos zahtjeva smjernice u zakonodavstvo država članica je 5. prosinca 2010. Zahtjevi koji se tiču jamstva podrijetla električne, toplinske i rashladne energije proizvedene iz obnovljivih izvora energije dani su člankom 15 koji je naveden u nastavku:

1. U svrhu dokazivanja konačnim kupcima, kolika je količina energije iz obnovljivih izvora u dobavljačevoj smjesi energije, države članice u skladu s člankom 3(6) Direktive 2003/54/EC osiguravaju da se podrijetlo električne energije proizvedene iz obnovljivih izvora jamči u smislu te direktive i u skladu s objektivnim, transparentnim i nediskriminacijskim kriterijima.

2. U tu svrhu države članice osiguravaju da se na zahtjev proizvođača električne energije iz obnovljivih izvora izdaje jamstvo podrijetla. Države članice mogu odrediti da se jamstvo podrijetla izdaje na zahtjev proizvođača toplinske i rashladne energije iz obnovljivih izvora. Takav dogovor može biti povod za limitiranjem minimalnog kapaciteta. Standardna veličina jamstva podrijetla je 1MWh. Za svaku jedinicu proizvedene energije se izdaje najviše jedno jamstvo podrijetla.

Države članice osiguravaju da se ista jedinica energije iz obnovljivih izvora zaračunava samo jedanput.

Države članice mogu odrediti da se proizvođaču koji je dobio jamstvo podrijetla ne dodjeljuje i potpora za istu proizvodnju energije iz obnovljivih izvora.

Jamstvo podrijetla nije povezano s poštivanjem članka 3 od strane države članice. Prijenosi jamstva podrijetla, odvojeno ili skupa s fizičkim prijenosom energije, ne utječu na odluke država članica da upotrijebe statističke prijenose, zajedničke projekte ili zajedničke programe potpore za ispunjavanje ciljeva ili izračun konačne bruto potrošnje energije iz obnovljivih izvora u skladu s člankom 5.

3. Jamstvo podrijetla je valjano 12 mjeseci od proizvedene zadane količine energije. Jamstvo podrijetla se poništava nakon što se iskoristi.

4. Države članice ili imenovana mjerodavna tijela nadziru izdavanje, prijenos i otkazivanje jamstva podrijetla. Imenovana nadležna tijela nemaju ovlasti koje bi se geografski preklapale i neovisna su u odnosu prema proizvodnim, trgovinskim i dobavljačkim aktivnostima.

5. Države članice ili imenovana mjerodavna tijela uspostavljaju odgovarajuće mehanizme s kojima osiguravaju da se jamstva podrijetla izdaju, prenose i otkazuju elektronički te da su precizna, pouzdana i otporna na prijevare.

6. Jamstvo podrijetla mora sadržavati najmanje:

(a) izvor energije iz kojega je energija bila proizvedena te početak i kraj njene proizvodnje;

(b) da li se jamstvo podrijetla odnosi na:

(i) električnu energiju;

(ii) grijanje i/ili hlađenje;

(c) identitet, lokacija, vrsta i kapacitet postrojenja u kojoj je proizvedena energija;

(d) da li je i do koje mjere postrojenje primalo poticaje za investiciju, da li je i u kolikoj mjeri jedinica energije imala koristi od bilo kojeg drugog nacionalnog programa potpore ili nekog drugog programa potpore;

(e) datum na koji je postrojenje započelo s radom; i

(f) datum i država izdavanja te jedinstveni identifikacijski broj;

7. Kada opskrbljivač električne energije za namjene iz članka 3(6) direktive 2003/54/EC mora dokazati udio energije iz obnovljivih izvora u svojoj smjesi energije, to može učiniti uporabom jamstva podrijetla.

8. Količina energije iz obnovljivih izvora koja odgovara jamsvtu podrijetla koju opskrbljivač električne energije prenosi na treću stranku se odbija od dijela energije iz obnovljivih izvora iz njegove smjese energije za namjenu iz članka 3(6) direktive 2003/54/EC.

9. Države članice priznaju jamstvo podrijetla izdane od druge države članice u skladu s tom smjernicom isključivo kao dokaz o podacima iz paragrafa 1 i paragrafa 6(a) do (f). Država članica može odlučiti da ne prizna jamstvo podrijetla samo ako opravdano sumnja u njegovu točnost, pouzdanost i vjerodostojnost. Država članica treba obavijestiti Komisiju o tom nepriznavanju i utemeljiti ga.

10. Ako Komisija ustanovi da je nepriznavanje jamstva podrijetla neosnovano, Komisija može donijeti odluku kojom od države članice zahtjeva da prizna jamstvo podrijetla.

11. Država članica može u skladu sa zakonodavstvom Zajednice uvesti objektivne, transparentne i nediskriminirajuće kriterije za uporabu jamstva podrijetla u skladu s obvezama utvrđenim u članku 3(6) direktive 2003/54/EC.

12. Ako dobavljači energije pri marketingu energije iz obnovljivih izvora navode ekološke ili druge prednosti energije iz obnovljivih izvora, države članice mogu zahtijevati od dobavljača energije da daju na uvid sažetak informacija o količini ili dijelu energije iz obnovljivih izvora koji dolazi iz instalacija ili povećanih kapaciteta koji su započeli s radom nakon 25. lipnja 2009. [2]

3. Implementacija jamstva podrijetla u EU

Većina zemalja EU implementirala je sustav jamstva podrijetla, a prema Smjernici *2009/28/EC* rok za prijenos zahtjeva Smjernice u zakonodavstvo država članica je 5. prosinca 2010.

Glavni koraci u implementaciji JP-a sustava su:

- implementacija zakonske regulative,
- osnivanje tijela za izdavanje i
- uspostavljanje pouzdanog operativnog sustava za izdavanje JP-a.

U većini zemalja članica najuspješnije su provedeni prvi i drugi korak, dok je uspostavljanje pouzdanog operativnog sustava za izdavanje JP-a naišlo na više problema.

Akreditirano tijelo u većini zemalja je operator prijenosnog sustava (OPS) ili regulator tržišta energije. Neke zemlje su primijenile sustave gdje je akreditirano tijelo treća strana (certificirani revizor ili državno tijelo).

U listopadu 2007. godine stanje sustava jamstva podrijetla u EU-27 je bilo[4]:

- Preko 60% sustava jamstva podrijetla u EU je operativno
- Akreditirana tijela su uglavnom regulatori (60%) ili operatori prijenosnog sustava (30%)
- 65% sustava jamstva podrijetla ima jamstvo podrijetla potpuno prenosivo
- Samo pola sustava jamstva podrijetla ima uvedene elemente isplate jamstva podrijetla
- Značajne su razlike u dizajnu (standardne jedinice, valjanost, format)

U nastavku ćemo razmotriti primjenu sustava JP-a u Austriji i Njemačkoj, koje imaju primijenjen sustav zajamčenih tarifa, te Italija koja primjenjuje mehanizam obveznih kvota podržan zelenim certifikatima. Također ćemo razmotriti iskustva u zemljama EU-12 koje su se kao najnovije članice EU susretale s najviše problema pri implementaciji sustava JP-a.

3.1. Pristup u Austriji [5]

Pravno gledište

Navedene su odgovarajuće odredbe u vezi jamstva podrijetla u Austriji iz Austrijskog zakona o zelenoj energiji (neslužbeni prijevod):

Jamstvo podrijetla

Odjeljak 8. Mrežni operateri na čije su mreže spojena priznata postrojenja za proizvodnju električne energije iz obnovljive izvore energije će na zahtjev operatera postrojenja istome izdati atest o kvaliteti energije ubrizgane u njihovu mrežu od strane tih postrojenja. Takvi atesti mogu biti izdani putem automatizirane obrade podataka.

(2) Atest sukladan stavci 1 će specificirati:

1. kvalitetu proizvedene električne energije
2. Vrstu i maksimalni kapacitet instalacije koja generira el energiju
3. datum i mjesto proizvodnje
4. korištene izvore energije

(3) Provincijski će Guverner regulatorno nadgledati izdavanje takvih jamstava o podrijetlu

(4)Operatori eko energetskih postrojenja i trgovci električnom energijom koji prodaju električnu energiju iz eko energetskih postrojenja kao eko energiju drugom trgovcu strujom, biti će obavezni dati tom trgovcu električne energije, povjerljivo i bez naknade, na zahtjev tog trgovca jamstvo podrijetla (preko automatizirane obrade podataka) koja odgovaraju prodanoj količini.

(5) VKW-Übertragungsnetz AG (VKW-Prijenosna mreža d.d.) će izdati ateste sukladno stavci 1 za priznate instalacije proizvodnje električne energije koji koriste obnovljive izvore energije i koji su spojeni na sustav *Vorarlberger Illwerke AG-a.*

Priznavanje jamstava podrijetla izdanih od strane drugih država.

Odjeljak 9 (1) Jamstava podrijetla za električnu energiju iz postrojenja lociranih u zemlji članici EU, zemlji sudionici EEA sporazuma ili u nekoj trećoj zemlji će se smatrati jamstvima podrijetla unutar značenja ovog saveznog (federalnog) zakona ako udovoljavaju, ili nadmašuju, prethodno iz članka 5 Smjernice o promociji električne energije proizvedene iz obnovljivih izvora energije u internom tržištu električne energije.

(2) U slučaju sumnje, Energie-Control GmbH će odlukom utvrditi, kao odgovor na zahtjev ili posredstvom svog ureda, da li su preduvjeti za priznavanje instalacije ispravni.

(3) Energie-Control GmbH može izdati pravilnike kojima će specificirati zemlje u kojima jamstva podrijetla za eko energiju ispunjavaju preduvjete prema stavku 1.

Institucionalno gledište

Zakona koji se odnose na jamstva podrijetla vrlo je malo u Austriji. Glavna odredba (uredba), kao što je navedeno, je Austrijski zakon o zelenoj energiji (Austrian Green Energy Act - AGEA). Trenutno, ne postoje posebni pravilnici ili neke druge legislative ili relevantne pravne znanosti. Za sve tehničke probleme baze podataka sustava JP-a postoji interni priručnik pri E-Control Ltd. upravnom tijelu.

Općenito treba napomenuti da jamstva o podrijetlu nisu certifikat u Austriji. Tamo jamstva o podrijetlu predstavljaju specifičnu priznanicu ili naknadu. Kako jamstvo podrijetla nije certifikat kojim se može trgovati, ono služi za izdavanje certifikata kojima se može trgovati kako bi se jamčilo podrijetlo energije iz OIE. Zakonski još nije formalno eksplicitno definirana veza između jamstva o podrijetlu i certifikata kojima je moguće trgovati.

Austrijska jamstva podrijetla mogu se koristiti u stranim zemljama (npr. drugim zemljama EU) u bilo kakvu svrhu. U Austriji zakonodavstvo stavlja preporuke u odjeljku 31 AGEA: *„Operatori priznatih postrojenja koja koriste obnovljive izvore energije bit će ovlašteni izdavati certifikate kojima se može trgovat ii koji mogu biti korišteni u drugoj zemlji članici EU, zemlji zemlji sudionici EEA sporazuma ili u nekoj trećoj zemlji.“*

Procedura

Proceduralni i institucionalni mehanizam za JP u Austriji prikazan je na slici.

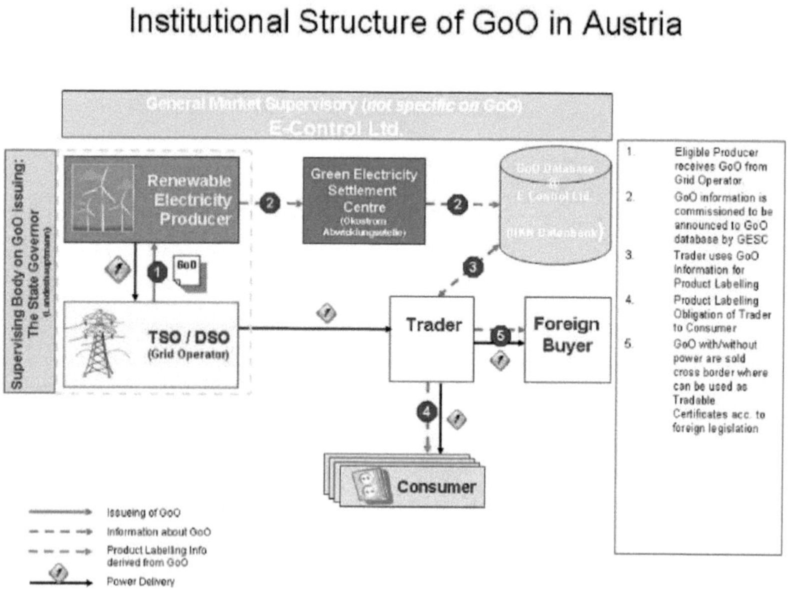

Slika 1 Postupci i institucionalne sheme sustava JP-a u Austriji [5]

Izdavanje i korištenje jamstva podrijetla

Jamstvo podrijetla se izdaje za proizvođače električne energije iz OIE od strane Mrežnog Operatera sukladno odjeljku 8 stavaka 1 AGEA. Preduvjet je biti pouzdan proizvođač tj. priznata proizvodna instalacija električne energije koja koristi OIE ili kogeneracijsko postrojenje. Sve troškove izdavanja jamstva podrijetla (ako postoje) snose mrežni operateri, koji generalno zahtijevaju takozvane 'grid operating fees' (mrežnu operatorsku pristojbu) tj. javno definiranu pristojbu za korištenje sustava radi socijalizacije.

Ne postoji izravan nosilac jamstva podrijetla. Korisnici jamstva podrijetla su sljedeće interesne grupe:

- kupac:

  - trgovac, koji je obvezan označiti izvor energije kojom se trguje prema odjeljku 45a austrijskog zakona: Austrian Act on Electricity Economy and its organization.
  - strani proizvođači energije, u slučaju prekogranične trgovine i stranog korištenja jamstava podrijetla u svrhu trgovine certifikatima podliježu stranom zakonodavstvu u ciljanoj zemlji.
- upravno tijelo:
  - E-Control Ltd. (d.o.o.) koje održava bazu podataka jamstava podrijetla putem automatizirane obrade podataka.
  - Green Electricity Settlement Centre obavještava bazu podataka jamstava podrijetla od strane kvalificiranih proizvođača.

Nadzorna i upravna tijela

U Austriji, 9 regionalnih guvernera nadzire izdavanje jamstava podrijetla (sukladno odjeljku 8 iz stavka 3 AGEA). Nadalje, tijelo za regulaciju tržišta ima opću dužnost nadzora isto kao i državna tijela i sudovi.

Nadležno tijelo u Austriji za upravljanje bazom podataka jamstava podrijetla u Austriji (HKN Datenbank) je E-Control Ltd. temeljno odjeljku 8 iz stavka 2 AGEA. Podaci koje je potrebno prikupiti definirani su u odjeljku 8 stavka 2 AGEA, a to su sljedeći: kvantiteta, vrsta i kapacitet, vrijeme i mjesto proizvodnje, korišteni izvor energije.

E-Control Ltd., u 100%-tnom vlasništvu ministarstva gospodarstva i rada, služi kao generalni kontrolor tržišta, ali ne isključivo za jamstva podrijetla. Nadalje, ne postoji operator tržišta u Austriji, iako se njegova uloga može preporučiti u sustavu jamstva podrijetla za Hrvatsku.

Kazne

Prema generalnim kaznenim odredbama odjeljka 29 AGEA postoji kazna (do 13000 €) u slučaju neizdavanja jamstva podrijetla od strane Mrežnog operatera ili slično. Također, Green Electricity Settlement Centre može se kazniti u slučaju disfunkcije.

3.2. Pristup u Njemačkoj [5]

Njemački zakon o obnovljivim izvorima energije

Iz Njemačkog zakona o obnovljivim izvorima energije (neslužbeni prijevod) na jamstvo podrijetla odnosi se:

Članak 17

Jamstvo podrijetla

(1) Operatori postrojenja mogu zatražiti osobu ili organizaciju zaduženu da djeluje kao „*environmental* verifer" ili „*environmental verification" organizacija* u području proizvodnje električne energije u skladu s *Environmental Audit aktom za* izdavanje jamstva podrijetla za električnu energiju proizvedenu iz OIE.

(2) takva jamstva o podrijetlu moraju specificirati:

- izvore energije iz kojih je električna energija proizvedena, popisane prema vrsti i glavnim komponentama, uključujući informaciju do koje je mjere električna energija proizvedena iz OIE unutar značenja Smjernice 2001/77/EC europskog parlamenta i Vijeća od 27. rujna 2001. o promociji električne energije proizvedene iz OIE u internom tržištu električne energije (OJ L 283 p. 33) kao zadnje dopunjen s *Acts of Accession iz 16 travnja 2003. (OJ L 236 p. 586),*
- gdje je korištena biomasa, bilo da je isključivo biomasa unutar značenja propisa koji je u skladu s Člankom 8(7)
- ima i adresu operatora postrojenja
- količina električne energije dobivene u postrojenju , vrijeme proizvodnje i koliki je dio plaćen u skladu sa Člankom 5 do 12 i

- mjesto, kapacitet i datum puštanja u pogon postrojenja

(3) takva jamstva o podrijetlu trebaju se koristiti samo ako su informacije propisane u gore navedenom stavku 2 potpune.

Članak 18

Zabrana višestruke prodaje

(1) električna energija proizvedena iz OIE i iz prirodnog plina ili deponijskog plina, plina iz otpada, prirodnog plina ili bioplina ubačenog u plinsku mrežu ne može biti prodana ili na drugi način prenesena više nego jednom.

(2) Operatori postrojenja koji su primili plaćanja sukladno Člancima 5 do 12 neće proslijediti jamstva za električnu energiju proizvedenu iz OIE i prirodnog plina. Ako operator postrojenja proslijedi takvo jamstvo za električnu energiju proizvedenu iz OIE ili iz prirodnog plina, za električnu energiju neće biti plaćeno u skladu s Člancima 5 do 12.

Institucionalno gledište

Također, u Njemačkoj je vrlo malo zakona vezano uz jamstva podrijetla. Glavni propis kao i ranije spomenuto, je German Renewable Energy Act Odjeljak 17 i 18.

Njemačka jamstva o podrijetlu uvedena su kako bi se označila zelena energija radi potrošačkih informacija. Jamstvo podrijetla se izdaje za uporabu certificiranim organizacijama po 1MWh zelene energije za proizvođače.

Izdavanje jamstva podrijetla operatoru postrojenja je na neki način uobičajeno priznanje proizvođaču da je kvalificirani proizvođač električne energije iz OIE.

Sa svojim opskrbljivanjem OIE-E proizvođač daje ekvivalentnu količinu jamstava podrijetla distributeru energije. Ipak, operator mreže će platiti zajamčene tarife operateru postrojenja, čije je investicija time očuvana.

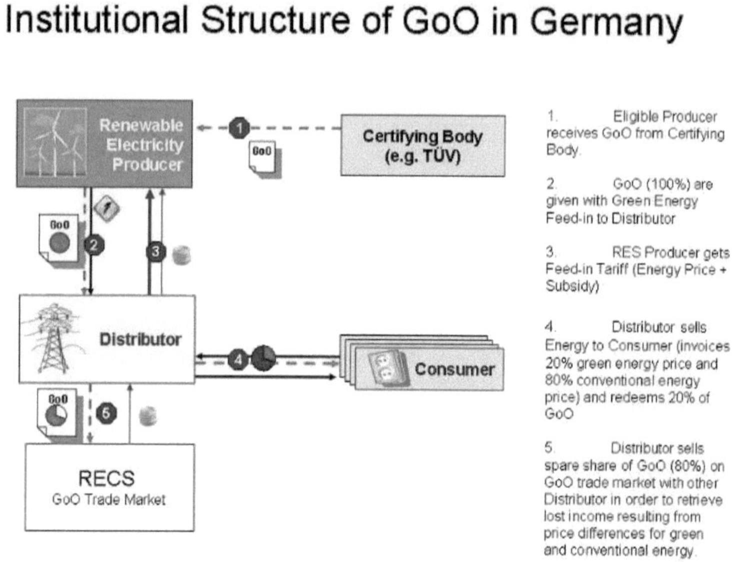

Slika 2 Postupci i institucionalne sheme sustava JP-a u Njemačkoj [5]

Distributer energije koji je obvezan ponuditi fiksni dio zelene energije kupcima, bit će u mogućnosti prodati odgovarajuću količinu energije kao zelenu energiju za garantirano višu cijenu (zbog većih troškova proizvodnje i većeg utjecaja na okoliš).

U slučaju da distributer energije ima viška (skupo kupljene) zelene energije, u tom je slučaju obvezan ili se od njega zahtjeva, te može prodati višak energije kao konvencionalnu energiju za nižu cijenu.

Ova podjela omogućava da se električna energija iz OIE kojoj nedostaju lokalni potrošači može prodati kao konvencionalna snaga, dok se isti iznos konvencionalne energije može poslije ili na drugom mjestu ponuditi kao zelena energija, skupa s ekvivalentom jamstava podrijetla.

Ovakav sustav je primijenjen s RECS, privatnom platformom za izdavanje, izvršavanje i otkup jamstava podrijetla sa sudionicima 14 EU zemalja.

U Njemačkoj, ne postoji obveza sudjelovanja u trgovini jamstvima podrijetla, ali je cilj sustava označiti što je više moguće zelene energije pomoću jamstava podrijetla i stvoriti motivaciju za OIE investicije.

Suprotno Njemačkom „Feed-in-Traiff System“ (sa različitim zajamčenim tarifama u ovisnosti sa proizvodnom tehnologijom OIE) sustav za trgovanje jamstvima podrijetla jamči jedinstvenu vrijednost za svaki MWh obnovljive energije i ne podržava posebne tehnologije. Stoga, najučinkovitije tehnologije današnjice imaju najviši profit u sustavu jamstva podrijetla, npr. postojeće hidro elektrane.

Od strane RECSa prijavljeni su slučajevi zlouporabe, kada je operator postrojenja prodao zelenu energiju koja samo djelomično potječe od OIE i nije isplatila svoje RECS certifikate pravilno. U konačnici je prodan dvostruki iznos zelene energije nego što je proizveden. Zbog toga je Njemačka izričito isključila višestruku trgovinu, također ciljajući na zabranu dvostruke potpore proizvođača energije iz obnovljivih izvora. Prema tome vrlo je važna redovita kontrola transakcija u bazi podataka jamstava podrijetla.

3.3. Pristup u Italiji [5]

Trgovina jamstvima o kvaliteti u Italiji se uglavnom svodi na trgovanje zelenim certifikatima. Priznavanje je stranih jamstava o kvaliteti (npr. RECS, ili austrijska jamstva o kvaliteti) osigurano, iako se ponekad javljaju određene nesigurnosti. Trgovac mora potvrditi fizički tok energije do Italije kod GME, što je problem kod umrežavanja prekograničnih mreža.

U Italiji nema poznatih očitih protu-prijevarnih mehanizma (npr. u svezi duplog računanja).

3.4. Iskustva primjene jamstva podrijetla u EU-12

Osnovne činjenice o OIE u EU-12

EU-12 zemlje (Češka, Estonija, Cipar, Latvija, Litva, Mađarska, Malta, Poljska, Slovenija, Slovačka, Bugarska, Rumunjska) imaju različite potencijale za proizvodnju električne energije iz obnovljivih izvora energije. Neke od njih, kao Latvija, Rumunjska, Slovenia i Slovačka imaju relativno visoke potencijale, uglavnom u hidro elektranama. S druge strane, neke zemlje iz EU-12 imaju relativno mali udio OIE u proizvodnji električne energije. Trenutni i budući potencijali za OIE u EU-12 su prikazani u tablici.[6]

Tablica 2 Referentne i ciljne vrijednosti udjela OIE u EU-12 [Izvor: European Commission]

Zemlja članica	OIE-E (1999) [TWh]	OIE-E (1999) [%]	OIE-E (2010) [%]
Češka	2,36	3,8	8
Estonija	0,02	0,2	5,1
Cipar	0,002	0,05	6
Latvija	2,76	42,4	49,3
Litva	0,33	3,3	7
Mađarska	0,22	0,7	3,6
Malta	0	0	5
Poljska	2,35	1,6	7,5
Slovenija	3,66	29,9	33,6
Slovačka	5,09	17,9	31
Zemlja članica	OIE-E (2001) [TWh]	OIE-E (2001) [%]	OIE-E (2010) [%]
Bugarska	1,7	6	11
Rumunjska	14,9	28	33

EU-12 zemlje imaju prilično raznolik raspon politika glede potpore i promocije proizvodnje električne energije iz obnovljivih izvora. One su prikazane u tablici 3.

Tablica 3 Pregled glavnih politika za OIE-E u EU-12 [Izvor: European Commission, AGEN-RS]

Zemlja članica	Glavni mehanizam potpore	Komentar
Bugarska	Kombinacija zajamčenih tarifa, porezni poticaji i obveza pri kupnji.	Relativno mali stupanj poticaja čini razvoj OIE posebno težak, a i cijena električne energije je još uvijek relativno mala. Bugarska je nedavno ugovorila indikativni cilj za OIE-E, od kojeg se očekuje da omogući poticaje za daljnju promociju mehanizama potpore za proizvodnju OIE-E.
Cipar	Subvencijski mehanizam za promociju OIE-E (financiran kroz porez od 0.22€/kWh)	Mehanizam potpore je određen samo na trogodišnji period.
Češka	Zajamčene tarife, podržane od investicijskih subvencija (revizija i unapređenje 2005.)	Relativno visoke zajamčene tarife s petnaestogodišnjim jamstvom potpore. Proizvođači mogu birati između fiksne zajamčene tarife ili bonus tarife.
Estonija	Sustav zajamčenih tarifa s kupovnom obvezom.	Estonija koristi zajamčene tarife paralelno s zajamčenim bonus tarifama za OIE-E. Iako su zajamčene tarife povećali 2007. mehanizam je ostao isti.
Mađarska	Zajamčene tarife kombinirane s kupovnom obvezom i ponudama za bonuse.	Srednje tarife (6 do 8 ct/kWh) ali bez razlike u mehanizmima. Akcije za potporu proizvodnje OIE nisu koordinirane, i politička potpora varira. Sve to rezultira visokim investicijskim rizicima i lošim napretkom.
Latvija	Sustav obveznih kvota od 2002. (kombiniran sa	Novi mehanizam potpore je stupio na snagu 2007.

	zajamčenim tarifama)	
Litva	Relativno visoke zajamčene tarife kombinirane s kupovnom obvezom. Uz to dobri uvjeti za spajanje na mrežu i investicijski programi.	Litva ima dugoročni plan za potporu OIE-E.
Malta	Niska VAT stopa za sunčevu energiju.	Vrlo malo pažnje za OIE-E do sada.
Poljska	Obveza kupnje zelene energije sa specifičnim ciljem do 2010. Dodatno OIE-E su izuzeti od trošarina.	
Rumunjska	Subvencijski fond i zajamčene tarife.	Rumunjska je nedavno ugovorila indikativni cilj za OIE-E, od kojeg se očekuje da omogući poticaje za daljnju promociju mehanizama potpore za proizvodnju OIE-E.
Slovačka	Program poticaja OIE i energetske efikasnosti, uključujući zajamčene tarife i porezne poticaje.	Vrlo male potpore za OIE.
Slovenija	Sustav zajamčenih tarifa kombiniran s dugoročnim zajamčenim ugovorima. CO2 naknade i javni fondovi za ulaganje u okoliš.	Sustav potpore kroz jamstvo podrijetla.

Postojeći sustavi jamstva podrijetla OIE u EU-12 [6]

Različiti aspekti sustava JP su analizirani i na kraju je sustav kategoriziran na tri grupe.

U prvoj grupi su zemlje koje su imale sustav JP lošiji od zahtjeva Smjernice *2001/77/EC*. Zemlje koje su imale najlošije razvijen sustav JP i još nije do kraja razvijen su:

- Bugarska,
- Cipar,
- Češka,
- Mađarska,
- Latvija,
- Malta,
- Rumunjska.

Neke od navedenih zemalja su imale adekvatne zakone, kao Bugarska, ali sustav JP nisu odmah implementirali. Neke od ostalih zemalja, kao Rumunjska, kasnile su i s izradom adekvatnih primarnih zakona.

Sljedeća grupa zemalja su zemlje koje su implementirale sustav JP prema Smjernici *2001/77/EC*. Budući da su zahtjevi te Smjernice prilično neodređeni, ti sustavi JP mogu biti prilično različiti. Zemlje koje su prvo implementirale sustav JP prema Smjernici *2001/77/EC* su:

- Estonija,
- Mađarska,
- Litva,
- Slovačka.

Jedina EU-12 zemlja sa sustavom JP razvijenim prema Smjernici *2009/28/EC* je Slovenia. Slovenski sustav JP je baziran na centralnom registru, i njime upravlja Javna agencija RS za energiju, koja je prema Energetskom zakonu nominirana kao akreditacijsko tijelo za JP-OIE. Slovensko JP se izdaje elektroničkim putem i može biti preneseno ostalim korisnicima. Kada je JP iskorišteno, može biti isplaćeno. Slovensko JP može biti izvezeno i JP ostalih zemalja članica može biti uvezeno u slovenski sustav JP.

Situacija s implementacijom sustava JP u EU-12 prikazana je u tablici 4:

Tablica 4 Sustav JP u EU-12 [Izvor: IT Power (studeni 2008)]

	JP-OIE										
	Zakonodavstvo	Kontrola	Akreditacijsko tijelo	Izdavanje	Isplata	Informacije o JP	Uvoz i izvoz	JP za "disclosure"	JP za potporu	JP za nacionalni cilj	UKUPNI BODOVI
Bugarska											
Cipar											
Češka											
Estonija											
Mađarska											
Latvija											
Litva											
Malta											
Poljska											
Rumunjska											
Slovačka											
Slovenija											
☹											
😐											
☺											

Primjenom Smjernice *2009/28/EC* JP se neće koristiti za kontrolu izvođenja obveza ispunjavanje udjela OIE Zemalja članica, kao što je predviđeno u prijedlogu. Dakle neće biti nikakvih dodatnih zahtjeva za te instrumente, osim interesa samih Zemalja članica EU.

Sustav jamstva podrijetla u Sloveniji [7]

Zakon za implementaciju "disclosure", JP-OIE i JP-CHP je prošao u parlamentu i u stanju primjene je. Sve implementacijske regulacije su već usklađene i prate zahtjeve Smjernice i neka iskustva iz ostalih organizacija, kao što je EECS (European Energy Certification systems) i AIB (Association of Issuing Bodies). Javna Agencija RS za energiju je nacionalni energetski regulator i imenovana je Slovenskim Energetskim zakonom kao akreditacijsko tijelo za JP-OIE i JP-CHP. Javna Agencija RS za energiju je također i akreditacijsko tijelo za RECS certifikate koji označavaju OIE u EECS-u. Javna Agencija RS za energiju izdaje, prenosi, isplaćuje JP-OIE i JP-CHP, i sadrži elektronički registar za obje vrste JP.

JP-OIE se izdaje za električnu energiju proizvedenu iz OIE. Svi proizvođači sa statusom "kvalificiranih proizvođača" mogu tražiti JP-OIE. Postupak za dobivanje statusa "kvalificiranog proizvođača" je opisan u službenim novinama Republike Slovenije (Br. 71/2007). Popis svih proizvođača sa statusom "kvalificirani proizvođač" je dostupan na internetu.

JP-OIE sustav je potpuno funkcionalan od siječnja 2006. Od ožujka 2007. je potpuno elektronički podržan s elektroničkim registrom. Svi detalji i zahtjevi za otvaranje računa, premještanje JP-OIE i postupci za elektroničke aktivnosti su opisane u Priručniku za korištenje središnje baze podataka JP-a. Sustav JP formalno nije baziran na EECS, ali ipak je uglavnom usuglašen s većinom EECS zahtjeva. Elektronički registar je dostupan na web lokaciji: https://poi.borzen.si. JP-OIE se izdaje za osnovnu jedinicu, koja je 1kWh električne energije. JP –OIE se može također izdati za bilo koju količinu koja je višekratnik osnovne jedinice.

U JP-OIE navedeni su sljedeći podaci: registracijski broj, detaljni izvor korištenog OIE, mjesec, i godina proizvodnje energije, datum početka početka proizvodnje elektrane, mjesto proizvodnje, ime proizvođača, ime vlasnika JP-OIE, kapacitet elektrane, primljena potpora i status isplate JP-a. Registar proizvođača je dostupan na internetu.

JP-OIE može bit zatražen od proizvođača koji kao izvor energije koriste vjetar, sunce, hidro snagu, biomasu, geotermalnu snagu i biorazgradivi otpad. Za proizvodnju iz hibridnih instalacija, koje koriste oba obnovljive i neobnovljive izvore energije, JP-OIE se izdaje samo za dio električne energije koja se proizvodi iz obnovljivih izvora energije. JP-OIE se trenutno koriti za "disclosure" u domaćim i stranim tržištima. JP-OIE može biti preneseno odvojeno od trgovine električnom energijom.

Za RECS certifikate izdane u okviru EECS sustava, JP-OIE je izdano i trenutno preneseno na račun Javne Agencije RS za energiju gdje se obavlja isplata.

U Sloveniji status "kvalificiranog proizvođača" mogu dobiti svi proizvođači koji proizvode električnu energiju iz obnovljivih izvora energije. Proizvođač koji želi dobiti status mora predati molbu Ministarstvu Gospodarstva, koje je institucija koja odlučuje o dodjeli statusa. Molba sadrži podatke koji dokazuju izvor energije iz kojega je proizvedena električna energija, npr. OIE. Proizvođači sa statusom "kvalificiranog proizvođača" moraju svake godine obnavljati svoj status iznoseći adekvatne podatke. Za neovlaštene proizvođače slijede sankcije. Određena su pravila i mjere za sprječavanje dvostrukog računanja ili dvostruke prodaje JP.a. Jedinstveni registracijski broj po JP-OIE je spremljen u centralnoj bazi podataka. Svi prijenosi, uvozi ili izvozi su svo vrijeme praćeni. JP se izdaje bez naplate, a sve troškove pokriva Javna Agencija RS za energiju.

4. Uvođenje jamstva podrijetla u Hrvatsku

4.1. Jamstvo podrijetla u Hrvatskom zakonu

Hrvatski zakon ne definira pojam jamstvo podrijetla niti je imenovano odgovarajuće tijelo odgovorno za sva mjerodavna gledišta vezana za jamstvo podrijetla. Jedini spomen jamstva podrijetla je u Zakonu o tržištu električne energije i Zakonu o energiji, ali ne definiraju mogućnost tržišta OIE-E na europskom tržištu.

Zakon o energiji (članak 14. stavak 4) definira da:

"subjekt koji je ostvario poticaje prilikom izgradnje objekta za korištenje obnovljivih izvora energije i kogeneracije ne može proizvedenu energiju u tim objektima isporučivati inozemnom tržištu bez odobrenja Vlade Republike Hrvatske". [8]

Zakon o tržištu električne energije (članak 16.) definira da je operator prijenosnog sustava odgovoran za:

"dostavljanje operatoru tržišta obračunskih podataka o preuzetoj električnoj energiji od povlaštenih proizvođača priključenih na prijenosnu mrežu, radi obračuna i jamstva podrijetla električne energije s obzirom na primarni izvor energije". [9]

U hrvatskom zakonu nedostaje cijeli koncept jamstva podrijetla. Jamstvo podrijetla jedino je spomenuto u gore navedenim odredbama i nema zakonskog članka koji se bavi bilo kojim aspektom vezanim uz jamstvo porijekla.

4.2. Preporuke za uvođenje sustava JP-a u RH određene projektom RELEEL [5]

1. Zakon o tržištu električne energije trebao bi se nadopuniti definicijom sheme jamstva podrijetla i pozicijom na hrvatskom energetskom tržištu, te odrediti prava i

obveze sudionika u okviru sheme JP-a. Sljedeća teme koja bi trebao pokrivati zakon općenito su:

- izdavačko tijelo za JP i s obvezom administriranja baze podataka JP-a.
- osoba odgovorna za nadzor JP-a i izdavačkog tijela
- kome JP treba biti izdano
- pozicija OPS i ODS i operatora tržišta prema shemi JP-a

2. Trebalo bi propisati specijalni podzakon za JP na temeljima Zakona o tržištu električne energije. Predmet tog podzakona bile bi sljedeće teme, zajedno s proceduralnim gledištima:
   - svrha JP – treba biti obrađena na osnovama glavnih odredbi JP pruženih Zakonom o energiji i Zakonom o tržištu električne energije;
   - sadržaj JP, je zakonske prirode i oblika;
   - organizacija sustava JP kao takvog;
   - uvjeti za izdavanje JP-a;
   - postupci za izdavanje JP-a;
   - detalji glede registra JP-a;
   - pravni lijekovi vezani za odluke o izdavanju JP-a;
3. Za mjerodavno regulatorno tijelo sustava JP-a odabrati HROTE .
4. Sadržaj JP-a treba odrediti prema Smjernici *2009/28/EC*.

Na osnovama gore navedenih preporuka, konačni prijedlog RELEEL projektnog tima je:

- dopuniti Zakon o tržištu električne energije dodavanjem novog stavka u članak 30 i
- izdavanje pravilnika o jamstvu podrijetla

U članku 30 novi stavak glasi:

"Tržišni operator je odgovoran za izdavanje jamstva podrijetla kvalificiranim proizvođačima električne energije proizvedene iz OIE i kogenegeracije. Vlada Republike Hrvatske izdaje pravilnike za postupke izdavanja jamstva porijekla i koje informacije jamstvo podrijetla mora sadržavati."

Na osnovama gore navedenih preporuka Zakona o tržištu električne energije Vlada Republike Hrvatske treba donijeti zakon o regulacija jamstva porijekla.

Strogo se preporuča usklađivanje hrvatskog pravnog okvira za JP sa zahtjevima smjernice *2009/28/EC*. [5] U vrijeme izvođenja projekta RELEEL smjernica 2009/28/EC nije bila potpuno definirana, ali budući da je implementacija sustava JP u Hrvatskoj počela nakon što je nova Smjernica prihvaćena, u projektu su uzeti u obzir svi zahtjevi na koje obvezuje ona obvezuje države članice.

Neke teme kojima treba posvetiti posebnu pažnju tijekom pisanja zakona o regulaciji JP-a:

- Pouzdanost JP-a. (JP mora biti točno i precizno i operator tržišta treba odgovarajuću asistenciju HERA-e pri izdavanju JP-a.)
- Pravne dopune protiv odluka operatora tržišta za izdavanjem JP-a (Operator tržišta nije javno tijelo i na taj način ne može provoditi administrativne postupke niti da je JP administrativni dokument protiv kojega su pravne dopune dozvoljene. Operator tržišta je državna komercijalna organizacija.)
- Nadzor operatora tržišta i sankcije (Nadzor aktivnosti HROTE-a izvršava HERA, prema tome preporučeno je da HERA preuzme funkcije nadzora aktivnosti vezanih uz JP.)
- Prijenos i otkazivanje JP-a (Prijenos i otkazivanje JP-a pojavljuje se u novoj Smjernici, stoga je potrebno implementirati i te mehanizme prema Smjernici *2009/28/EC*.)
- Prepoznavanje stranog JP-a (Prepoznavanje stranog JP-a izdanog od mjerodavnih tijela u ostalim zemljama članicama i ostalim zemljama koje su adekvatno primijenile sustav JP. Ova tema je vrlo važna zbog prekogranične trgovine "zelenom" energijom.)

4.3. Uspostavljanje registra JP-a [5]

Da bi sustav JP bio potpuno funkcionalan potrebno je uspostaviti jedinstveni registar (baza podataka) JP-a. Pojednostavljena organizacija sustava JP-a prikazana je na slici.

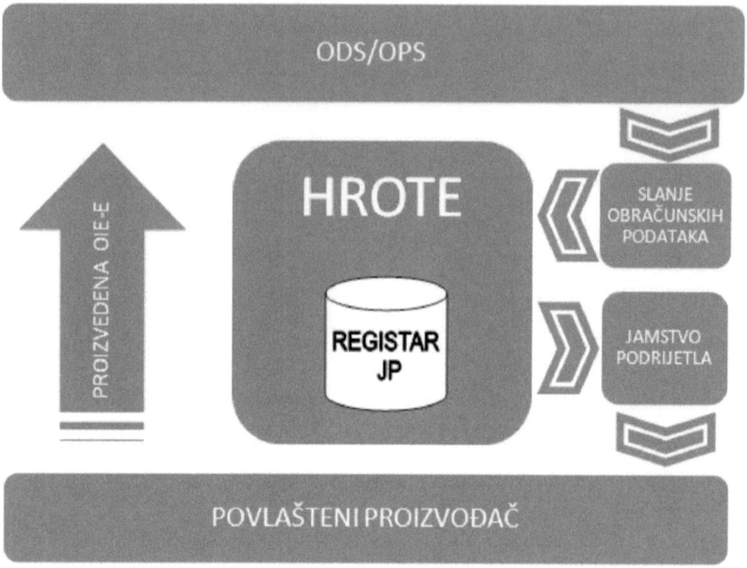

Slika 3 Preporuka organizacije sustava jamstva porijekla u Hrvatskoj [Izvor: RELEEL]

Registar JP-a trebao bi biti administriran samo elektronički. JP bi se također trebalo izdavati elektroničkim putem, ali u slučaju zahtjeva proizvođača moglo bi se izdati u ispisanom obliku.

Registar mora sadržavati sljedeće informacije:

- sve podatke sadržane u registru od OIE i CHP projekata i postrojenja i kvalificiranih proizvođača (registracijski broje je identifikacijski broj proizvođača i mora biti isti u oba registra)
    - registar JP-a treba izvlačiti informacije iz OIE i CHP projekata i postrojenja i kvalificiranih proizvođača samo za one subjekte s valjanom odlukom stjecanja statusa kvalificiranog proizvođača izdanog od HERA-e

- podatke o količini proizvedene električne energije za svakog kvalificiranog proizvođača na mjesečnoj bazi
- podatke o izdanim JP
- podatke o JP za koje je plaćena zajamčena tarifa
- podatke o JP koji su preneseni drugim vlasnicima
- podatke o JP koji su uvezeni ili izvezeni

JP bi se trebalo izdavati za 1MWh proizvedene električne energije i na zahtjev kvalificiranog proizvođača. Zahtjev kvalificiranog proizvođača za izdavanjem JP treba sadržati sljedeće podatke:

- informacije o subjektu (kvalificiranom proizvođaču) koji zahtjeva JP;
- identifikacijski broj kvalificiranog proizvođača iz registra OIE i CHP projekata i postrojenja i kvalificiranih proizvođača;
- točan navod vremenskog perioda za koji je zatražen zahtjev za JP;
- podatke o količini električne energije proizvedene u tom periodu;
- datum početka rada postrojenja.

Mjerodavno tijelo treba izdavati JP u roku 10 dana od podnošenja zahtjeva. Unutar registra, količina električne energije za koju je JP izdano mora biti jasno označena (u tablici mjesečne proizvodnje električne energije).

Izdavanje JP treba biti besplatno. Prijenos JP može biti ostvaren samo između stranaka koje su upisane u registar JP. Prijenos treba biti jasno označen u registru (u tablici prenesenih JP).

Vlasnici JP-a za otkazivanje, JP trebaju predati mjerodavnom tijelu, za što dobivaju financijsku potporu. Otkazivanje JP treba biti jasno označeno u registru (u tablici otkazanih JP).

Izdana JP u zemljama članicama i ostalim zemljama koje su implementirale sustav JP u skladu sa Smjernicom trebale bi biti valjane u Hrvatskoj. U registru mora ostati sačuvan put tih JP. Važno je osigurati da nema duplog računanja, poput ostvarivanja cilja u obje zemlje.

Sadržaj jamstva podrijetla treba biti:

- ime zakonskog entiteta kojemu je izdano JP;
- ime postrojenja (elektrane), u kojoj je proizvedena električna energija;
- instalirana snaga postrojenja;
- datum početka rada postrojenja;
- količina i tip investicijskih pomoći koje su dobivene za instalaciju;
- izvor primarne energije za proizvodnju električne energije;
- period za koji je JP izdano;
- identifikacijski broj JP, ime osobe koja je izdala JP i valjanost JP.

U slučaju kombiniranih elektrana, koje koriste oba goriva (fosilna i obnovljiva), JP treba sadržavati i sljedeće podatke:

- iznos fosilnog goriva korištenog u postrojenju u periodu za koji se izdaje JP;
- iznos obnovljivog izvora korištenog u postrojenju u periodu za koji se izdaje JP.
- U slučaju CHP postrojenja, JP treba sadržavati dodatno podatke:
- nižu toplinsku vrijednost goriva korištenog za proizvodnju električne energije;
- svrhu za koju je kogeneracija uz proizvodnju električne energije korištena;
- uštede primarne energije u proizvodnji električne energije za koju je izdano JP.

4.4. Projekt obnovljivih izvora energije: Implementacija sustava jamstva porijekla električne energije [10]

Vlada Republike Hrvatske dobila je darovnicu Zaklade Globalnog fonda zaštite okoliša (GEF), odnosno Međunarodne banke za obnovu i razvitak (IBRD) kao provedbene agencije GEF-a, u ukupnom iznosu od 5,5 milijuna USD za financiranje provedbe cjelokupnog Projekta obnovljivih izvora energije. Osnovni je cilj projekta podrška razvoju ekonomski i ekološki održivog tržišta obnovljivih izvora energije. Korisnik darovnice je Ministarstvo gospodarstva, rada i poduzetništva (MINGORP), a Provedbeno tijelo projekta je Hrvatska banka za obnovu i razvitak (HBOR).

U okviru provedbe Projekta, u dijelu pružanja tehničke pomoći za Potporu ulaganju u Projekt obnovljive energije, planirano je angažiranje savjetodavne tvrtke koja će pružiti potporu za implementaciju sustava jamstva porijekla električne energije.

Smjernica Directive 2001/77/EC za promociju električne energije proizvedene iz obnovljivih izvora na unutarnjem tržištu električne energije zahtjeva od država članica da izdaju jamstvo porijekla za energiju iz obnovljivih izvora na zahtjev. Države članice su dužne imenovati jedno ili više neovisnih tijela da certificiraju „zelenu" energiju koja dolazi iz obnovljivih izvora. Certifikati prolaze kroz različite vladine i komercijalne sustave, ti sustavi moraju biti usklađeni kako bi informacije koje nose bile precizne i pouzdane. The Association of Issuing Bodies (AIB) je razvila takav usklađeni sustav, The European Energy Certification System (EECS) i AIB je jamac za njega.

U Hrvatskom zakonu o tržištu električne energije postoji jasna obveza da operator prijenosa/distribucije dostavlja podatke HROTE-u o električnoj energiji preuzetoj od prikladnih proizvođača. Cilj ovih konzultacija je pomoći pri implementaciji baze podataka JP u HROTE u skladu s EU energetskom legislativom i zahtjevima AIB-a. Takva baza podataka mora se kreirati na zajedničkoj bazi kako bi se izbjegli različiti formati i komunikacijski alati, te kreirati sučelja za strane baze podataka. Ciljevi zadatka su:

- Implementacija jamstva porijekla u Hrvatskoj, s neophodnom prilagodbom legislative trenutnog sustava poticaja.

- Ocjenjivanje, odabiranje, prilagođavanje i implementacija aplikacije za GoO bazu podataka u HROTE-u i obrazovanje kadra za korištenje aplikacije.

5. Zaključak

Uz današnju tehnologiju proizvodnja električne energije u elektranama koje kao primarno gorivo koriste obnovljivi izvor energije skuplja je nego proizvodnja električne energije u konvencionalnim elektranama. Da bi električna energija iz OIE bila konkurentna na tržištu nužni su mehanizmi potpore proizvođačima poput zajamčenih tarifa ili sustava certifikata kojima proizvođači mogu potvrditi izvor proizvedene energije krajnjem kupcu ili državi.

AIB promovira uporabu standardiziranog sustava certificiranja (EECS), koji osigurava pouzdan rad sustava međunarodnog sustava certificiranja energije.

EECS danas podržava tri vrste certifikata i to za:

- obnovljive izvore energije, certifikati su EECS jamstvo podrijetla za OIE (obvezno za sve zemlje članice prema smjernici *2009/28/EC*) i RECS certifikati (na dobrovoljnoj bazi),
- fosilnu i nuklearnu energiju, za koju su namijenjeni „EECS Disclosure" certifikati (certifikati za objavljivanje točnog sastava primarne energije kojom se proizvela električna energija) i
- visoko-efikasnu kogeneraciju, koja je podržana jamstvom podrijetla za kogeneraciju (CHP-JP obvezna za sve zemlje članice prema smjernici *2009/28/EC*).

Jamstvo podrijetla je definirano smjernicom *2001/77/28/EC*, a smjernicom *2009/28/EC* postaje standardizirano i sve zemlje članice postaju obvezne imenovati jednu instituciju koja je zadužena za rad s jamstvima porijekla. Poboljšanja jamstva podrijetla smjernicom *2009/28/EC* su:

- postalo je elektronički dokument, smanjena je opasnost od prijevare i krivotvorenja
- dobilo je životni vijek certifikata (izdavanje, prijenos, poništenje)
- moguće je zabraniti izdavanje JP-a za proizvedenu energiju koja je već dobila neku vrstu potpore
- JP može biti upotrebljeno 12 mjeseci od izdavanja

- nakon uporabe obvezno je poništavanje

Iako je smjernicom *2009/28/EC* jamstvo podrijetla dodatno definirano, još uvijek ima prostora za poboljšanje.

Izdavačka tijela nisu uvijek u mogućnosti provjeriti koje potpore je dobio proizvođač. Za stare elektrane, proizvođači nemaju uvijek sve potrebne informacije. AIB zato predlaže kategorije kojima bi se razlikovalo između potpori primljenih u prošlosti, trenutno primljenih potpora, kombinacije investicijskih potpora primljenih u prošlosti i nedavno primljenih potpora i kategorije „nepoznato" koja bi pokrivala situacije u kojima nema dovoljno informacija. [11]

Postoji opći konsenzus da se u budućnosti EECS certifikati moraju ukinuti, zato je bitno ustanoviti kako će se postaviti period ukidanja, i što tada napraviti s postojećim certifikatima? [11]

Zemlje članice upozorile su AIB na pravne probleme koji će doći s uvođenjem datuma valjanosti za certifikate koji ga trenutno nemaju. U nekim zemljama članicama uvođenje datuma valjanosti može biti protuzakonito, budući da može umanjiti vrijednost proizvoda[11].

U Hrvatskoj je projekt implementacije sustava jamstva podrijetla u radu, te bi trebao biti završen u travnju 2010. godine. Podaci o detaljima projekta nisu dostupni pa je suvišno donositi zaključke prije kraja projekta.

6. Literatura

[1] Škrlec, Dubravka: „*Sustav obvezujućih kvota kao tržišni poticaj proizvodnji električne energije iz obnovljivih izvora*", magistarski rad, Fakultet elektrotehnike i računarstva, Zagreb, ožujak 2007.

[2] Smjernica EU: „*DIRECTIVE 2009/28/EC OF THE EUROPEAN PARLIAMENT AND OF THE COUNCIL*", 23. travnja 2009.

[3] Smjernica EU: „*DIRECTIVE 2001/77/EC OF THE EUROPEAN PARLIAMENT AND OF THE COUNCIL*", 27. rujna 2001.

[4] Coenraads R: „*Status and use of systems of guarantee of origin in the EU,*Ecofys Netherlands, PROGRESS Final Conference, London, 25 veljače 2008.

[5] Ministry of Economy Labour and Energy Republic of Croatia: „*RELEEL - GUARANTEES OF ORIGIN / INSTITUTIONAL AND LEGAL ASPECTS –final report-*", 30. rujna 2008.

[6] Seršen, E., Škerbinek G., Špec, A: „*Situation in the twelve New Member States with regard to tracking and related policies*", D3 of WP 3 from the E-TRACK II project, veljača 2009., http://www.e-track-project.org/docs/w3_Situation_NMS_Report_final.pdf, 1. prosinca 2009.

[7] Draeck, M:" The state of implementation of electricity disclosure and Guarantees of Origin across Europe", lipanj 2009., http://www.e-track-project.org/docs/E-TRACKII%20WP2%20Country%20Reports%20v7.0_FINAL_24Jun09.pdf, 3. prosinca 2009.

[8] ZAKON O ENERGIJI, NN 68/01, NN (177/04)

[9] ZAKON O TRŽIŠTU ELEKTRIČNE ENERGIJE, NN (177/04), NN (76/07), NN (152/08)

[10] REPUBLIKA HRVATSKA Ministarstvo gospodarstva, rada i poduzetništva, Projekt obnovljivih izvora energije (Darovnica GEF/IBRD - TF054973) Projekt br. P071464

[11] AIB Newsletter 10, Vol 2, Issue 4, 14. prosinca 2009.

SUSTAV JAMSTVA PODRIJETLA ELEKTRIČNE ENERGIJE U EU

Sažetak:

U završnom radu je iznesen sustav jamstva podrijetla prema smjernici *2001/77/EC*, te poboljšanja i nadogradnje sustava jamstva podrijetla koja su definirana u smjernici *2009/28/EC*. Navedene su i razlike između stare i nove definicije jamstva porijekla. Obrađena je implementacija sustava jamstva porijekla u EU. Kao primjeri su uzeti Njemačka i Austrija, te zemlje EU-12, među kojima je i Slovenija koja je detaljnije proučena. Stanje u Hrvatskoj je prikazano prema projektu RELEEL u kojem je napravljen prijedlog implementacije sustava jamstva porijekla u Hrvatskoj.

Ključne riječi: jamstvo podrijetla, obnovljivi izvori energije,

SYSTEM OF GUARANTEE OF ORIGIN FOR ELECTRICITY IN EU

ABSTRACT:

This final paper is presenting a system of Guarantee of origin according to directive 2001/77/EC, as well as improvement and upgrade of the Guarantee of origin as defined in Directive 2009/28/EC. Given are the differences between the old and new definitions of Guarantees of origin. Also, implementation of Guarantees of origin in the EU is analyzed. Germany, Austria and the EU-12 countries are taken as examples, including Slovenia, as part of EU-12, which is more detail studied. The situation in Croatia is shown with project RELEEL which has made a proposal of implementation of Guarantees of origin in Croatia.